ENQUÊTE

SUR

LA SITUATION ET LES BESOINS

DE

L'AGRICULTURE

ANNÉE 1866

ARRONDISSEMENT D'ÉVREUX

ÉVREUX

IMPRIMERIE DE AUGUSTE HÉRISSEY

1869

AVERTISSEMENT

—

Les réponses suivantes sont le résumé des intéressantes discussions qui ont eu lieu au sein de la section d'agriculture de la Société libre de l'Eure, dans les longues et nombreuses séances consacrées tout entières, pendant plus de deux mois, à l'enquête agricole.

Tout ce qui, dans ce travail, a trait directement à l'agriculture et aux calculs relatifs aux dépenses d'exploitation et aux produits agricoles est l'œuvre spéciale de M. Letellier-Lecarpentier, membre de la Société; de MM. Dumoutier, de Claville; Varillon, de Sacquenville; Leblond, de la Madeleine, et Lépicouché, de Melleville, cultivateurs et membres de la Société, qui ont assisté à toutes les séances de la section, et fait preuve d'un zèle qu'on ne saurait trop louer.

Les séances de la section d'agriculture étaient présidées par M. Bagot, vice-président de la Société, et M. René Bonnin remplissait les fonctions de secrétaire.

———

ENQUÊTE

SUR LA

SITUATION ET LES BESOINS DE L'AGRICULTURE

—

ARRONDISSEMENT D'ÉVREUX

—

QUESTIONNAIRE ET RÉPONSES

—

I

CONDITIONS GÉNÉRALES DE LA PRODUCTION AGRICOLE

—

§ 1er. — État de la propriété territoriale

*1. De quelle manière est divisée la propriété territoriale
dans la contrée sur laquelle porte l'enquête ?*

*Quelles sont les étendues de terrains qui, dans la contrée,
sont considérées comme constituant les grandes, les moyennes
et les petites propriétés ?*

*Quelles sont les proportions relatives de ces diverses natures
de propriétés ?*

L'arrondissement d'Évreux est formé de grands
plateaux recouverts de couches de diluvium de l'é-
poque tertiaire, d'une nature silico-argilo-sableuse
en proportions variables ; ces plateaux, en général
fertiles, surtout dans la partie est de l'arrondissement, sont coupés par des vallées, qui, d'abord peu
profondes dans les cantons du sud-ouest, vont en

se creusant à mesure qu'elles approchent de la Seine,
dont elles sont des affluents. Le fond de ces vallées,
composé d'une couche d'alluvions caillouteuses, est
formé de prairies naturelles, bonnes, assez bien arrosées, mais qu'un système d'irrigation mieux entendu
améliorerait encore. Leurs versants, quelquefois boi-
sés, quelquefois défrichés, souvent escarpés, sont
d'une culture difficile ; sur certaines parties bien
exposées de ces versants, notamment sur les rives
de l'Avre, de l'Eure et de la Seine, près de Vernon,
on trouve quelques vignes, traces d'une culture autrefois très-développée, mais qui tend de jour en
jour à disparaître. Les plateaux sont de véritables
plaines à céréales. On y voit encore quelques forêts
assez importantes exploitées en taillis, quelques bois,
vestiges des forêts qui devaient couvrir jadis cette
région ; mais la plus grande partie du sol est livrée à
la culture. On y rencontre quelques grandes exploitations allant jusqu'à 200 hectares, notamment dans
les cantons d'Évreux, de Saint-André et de Nonancourt, où le sous-sol, plus perméable, permet une culture plus avancée ; mais dans la partie sud-ouest de
l'arrondissement, dans les cantons de Rugles, de Verneuil et de Breteuil, où le prix de la terre est notablement inférieur au prix de celle des autres cantons,
le sous-sol, composé d'une argile compacte appelée
grison, est plus imperméable ; l'eau y séjourne et le
drainage serait nécessaire ; la luzerne y vient mal, et
les moutons sont sujets à la maladie qui porte le nom
de *piétin*. L'agriculture ne fait donc dans cette région
que des progrès lents, et la terre y est plus divisée.
Le rapport entre la grande, la moyenne et la petite
culture est donc très-difficile à établir dans un arrondissement comme celui d'Évreux, où il faut com-
parer deux parties très-dissemblables ; cependant on
s'approchera de la vérité en établissant ainsi cette

proportion : — Grande culture, 30 p. 100 ; moyenne culture, 40 p. 100 ; petite culture, 30 p. 100.

Les fermes au-dessus de 60 hectares sont considérées comme grande culture ;

Celles de 20 à 60 hectares comme moyenne culture ;

Et celles enfin au-dessous de 20 hectares comme petite culture.

2. Quelle influence les changements qui ont pu avoir lieu depuis les trente dernières années dans la division de la propriété ont-ils exercée sur les conditions de la production ?

Le morcellement de la terre, depuis ces dernières années, a eu pour résultat l'augmentation de la production brute, surtout pour la petite culture, et aussi l'augmentation de la main-d'œuvre.

3. En quelle proportion compte-t-on, parmi les ouvriers agricoles, ceux qui, propriétaires de lots de terre plus ou moins importants, travaillent alternativement pour eux et pour les autres ?

Cette proportion, pour l'arrondissement, est d'environ moitié du nombre total des ouvriers agricoles.

§ 2. — Mode d'exploitation

4. Quels sont les divers modes d'exploitation du sol ? — Dans quelles proportions existent la grande, la moyenne et la petite culture ?

Voir le paragraphe 1er.

5. Les grands propriétaires, les propriétaires moyens et les petits propriétaires exploitent-ils généralement par eux-mêmes ou font-ils exploiter sous leurs yeux et à leur compte ?

Les grands propriétaires n'exploitent presque jamais par eux-mêmes ; les propriétaires moyens rarement; les petits propriétaires seuls cultivent leur terre.

6. *Quelle est, parmi les grands, moyens ou petits proprié-taires, la proportion de ceux qui louent leurs terres à des fermiers ou les font cultiver par des métayers ?*

La réponse à cette question se trouve dans le numéro précédent. Le métayage n'existe plus dans notre pays.

7. *Lorsque le régime du métayer existe, est-il d'usage qu'il y ait pour plusieurs domaines un fermier général servant d'intermédiaire entre les propriétaires et les métayers ?*

Pas de métayage dans l'arrondissement.

§ 3. — Transmission de la propriété

8. *Quelles sont, pour les différentes espèces de propriétés et pour les divers genres d'exploitation, les prix de vente des terres suivant leur qualité, les variations que ces prix ont pu subir depuis un certain temps en remontant à trente ans au moins, et les causes de ces variations ?*

Dans l'arrondissement d'Évreux on peut admettre comme moyenne les prix suivants pour les terres labourables :

1re classe.	2,200 fr.
2e classe...........	1,800
3e classe...........	1,200

Ces prix sont ceux de la terre vendue en détail.

Jusqu'en 1848, ces prix ont toujours augmenté ; mais, à partir de cette époque, ils ont baissé pendant deux ou trois ans, pour augmenter ensuite jusque vers 1862, époque depuis laquelle il semblerait y avoir une nouvelle diminution.

9. *Les domaines sont-ils ordinairement conservés dans une*

seule main au moyen d'arrangements de famille particuliers,
ou sont-ils divisés entre les enfants ou les héritiers à la mort
du chef de famille, ou enfin sont-ils habituellement vendus?
— Quelles sont les conséquences produites dans l'un ou dans
l'autre cas?

A la mort du chef de famille les domaines restent rarement dans une seule main; en général ils sont divisés entre les enfants ou les héritiers, et quelquefois aussi ils sont licités avec admission d'étrangers, ou cédés à des spéculateurs qui les revendent en détail, ce qui tend de plus en plus à morceler le sol.

10. Les ventes de terres ont-elles lieu plus particulièrement
en bloc ou au détail? — Dans quelles proportions se pratiquent
ces deux modes de vente? — Quelles sont les différences de
prix suivant que l'un ou l'autre est employé?

Les terres se vendent le plus généralement en détail : c'est le moyen d'en obtenir un prix plus élevé, et il serait parfois difficile de vendre en bloc de grands domaines.

La différence entre le prix de la terre en bloc et en détail varie entre 15 et 25 p. 100 à l'avantage de la vente en détail.

§ 4. — Conditions de location de la propriété

11. Quels sont les prix de location des terres suivant leurs
diverses qualités et dans les différents modes de constitution et
d'exploitation de la propriété? — Quelles variations ces prix
ont-ils subies depuis trente ans au moins et quelles ont été les
causes de ces variations?

Dans l'arrondissement d'Évreux, le prix de location des terres varie de 25 fr. à 80 fr. par hectare; c'est presque toujours 3 p. 100 du prix de la terre.

La valeur locative a augmenté jusque vers 1846; de 1848 à 1851 elle a baissé, après une forte réaction.

pour reprendre, en **1862**, sa première valeur. Depuis cette époque, il semble y avoir une nouvelle diminution.

12. Quelles sont les conditions des baux à ferme, leur durée habituelle, les obligations qu'ils imposent aux fermiers indépendamment du payement des fermages, notamment sous le rapport des redevances de toute espéce ? — Quelles sont le plus habituellement la nature et la valeur de ces redevances ? Quelles modifications ont eu lieu dans les baux, sous ce dernier rapport particuliérement, depuis trente ans environ ?

Dans l'arrondissement d'Évreux, la durée habituelle des baux varie de **9** à **18** ans.

Outre le fermage, le fermier doit payer les impôts ; il est obligé aux transports des matériaux nécessaires à la réparation des couvertures en paille, à la fourniture de la boisson des ouvriers qui y sont employés, enfin aux réparations locatives.

Quant aux faisances, on peut dire qu'elles diminuent tous les jours ; lorsqu'elles subsistent, elles sont insignifiantes, et se composent de volailles, œufs, beurre, fruits, et quelquefois, mais rarement, de blé. — Depuis trente ans, les baux à ferme n'ont subi aucune modification, sauf peut-être une plus grande liberté d'action donnée aux cultivateurs.

13. Quels sont les divers modes de payement du prix de location des terres par les fermiers ? — Ce payement se fait-il pour la totalité ou pour partie, soit en argent, soit en nature ? — Pour le payement en argent, le prix est-il fixé d'avance et reste-t-il invariable pendant toute la durée du bail, ou se règle-t-il d'après le cours des grains constaté par les mercuriales ? — Pour le payement en nature, quelles conditions spéciales sont imposées ?

Toutes les terres se louent à prix d'argent, suivant un prix fixé d'une manière invariable pour toute la durée du bail.

Pour la grande et la moyenne culture, les paye-
ments se font en général en deux ou trois termes :
Noël, Pâques ou la Saint-Jean.

Pour la petite culture ou pour les terres louées en
détail, ils se font moitié à la Saint-Jean, avant les
récoltes, moitié à Noël.

14. *Quelles sont les clauses et conditions des contrats de
métayage?*

Il n'y a pas de métayage dans l'arrondissement.

§ 5. — Capitaux. — Moyens de crédit

15. *Quel est le montant du capital de première installation
dans une exploitation d'une importance donnée, et quel est le
montant du capital de roulement?*

Il est très-difficile de répondre par un seul chiffre à
cette question, car, si quelques fermes bien entrete-
nues ont un capital d'exploitation assez considérable,
d'autres, au contraire, en ont à peine un suffisant
pour faire marcher l'exploitation. En moyenne, cependant, on peut dire que ce capital d'exploitation varie
de **300** fr. à **500** fr. par hectare; quant au capital de
roulement, il est nul la plupart du temps.

16. *Ces capitaux suffisent-ils aux besoins de la culture, au
perfectionnement des procédés agricoles et à l'amélioration des
terres ?*

Ce capital d'exploitation est insuffisant; il serait à
désirer qu'il fût augmenté de **100** fr. par hectare.

17. *Si les capitaux n'existent pas ou ne se trouvent pas en
quantités suffisantes entre les mains de ceux qui possèdent les
propriétés rurales ou qui les exploitent, comment ceux-ci
peuvent-ils se les procurer? — Quelles facilités ou quels obstacles rencontrent-ils à cet égard ?*

Le cultivateur qui a besoin d'argent ne s'en procure

que difficilement, et ce n'est que celui qui possède qui trouve à emprunter à des conditions raisonnables.

18. *A quel taux l'argent qui leur est nécessaire leur est-il habituellement fourni ?*

Quand on emprunte au Crédit foncier ou sur hypothèque, on obtient de l'argent à 5 p. 100, mais les frais accessoires, les garanties exigées, les frais d'acte portent ce taux à 6. p. 100.

Lorsque l'agriculteur s'adresse au banquier, le taux de l'emprunt est de 9 p. 100, et encore, quand il est obligé de s'adresser à la petite banque, est-il forcé de payer jusqu'à 12 p. 100.

19. *Dans le cas où la situation actuelle du crédit agricole serait considérée comme défectueuse, par quels moyens et par quelles modifications à la législation existante serait-il possible de l'améliorer ?*

Le crédit, quel qu'il soit, est en général une mauvaise chose, mais plus pour l'agriculteur que pour tout autre.

Un cultivateur qui n'a qu'un capital suffisant pour cultiver 50 hectares ne doit prendre que 50 hectares et ne pas emprunter pour pouvoir en cultiver 100; c'est cependant ainsi que presque tous agissent, et c'est là le malheur de la campagne.

Pour améliorer cette position, il faudrait rendre moins coûteuses les formalités des prêts hypothécaires, et jusqu'à un certain point favoriser les établissements de crédit agricole.

20. *Les emprunts faits par les propriétaires ou les exploitants du sol sont-ils consacrés exclusivement à l'amélioration des terres et au développement de la culture ?*

En général, les emprunts faits par les propriétaires ou les exploitants du sol ne servent pas à améliorer la terre, mais sont le plus souvent employés soit à des acquisitions immobilières, soit à des opérations commerciales ou industrielles.

21. Quelle est aujourd'hui, comparée à ce qu'elle était à d'autres époques, la situation hypothécaire de la propriété rurale ? — Quelle est particuliérement cette situation pour le propriétaire exploitant et pour le propriétaire non exploitant ?

La propriété rurale s'est dégrevée depuis quelques années, et le nombre des prêts hypothécaires diminue tous les jours.

22. Quelle a été l'influence exercée sur l'emploi des capitaux et des épargnes agricoles par le développement qu'a pris la fortune mobiliére, et par la création de valeurs de toute nature ?

La création des valeurs mobilières de toutes espèces, en France et à l'étranger, a porté un grand coup à l'agriculture; les capitaux ont quitté la campagne, ont afflué dans les villes, et il n'est plus aujourd'hui un habitant de nos villages qui n'ait quelque valeur cotée à la Bourse, et souvent des plus mauvaises: celui-ci n'a pas tenu assez compte des déroutes qu'il pouvait craindre, il n'a vu qu'une seule chose, le gros intérêt qu'on mettait sous ses yeux.

§ 6. — Salaires. — Main-d'œuvre

23. Les salaires des ouvriers de la culture ont-ils augmenté, et dans quelle proportion ?

Les salaires des ouvriers de la culture ont à peu près doublé depuis vingt ans; ceux qu'on payait autrefois, sans nourriture, 1 fr. 25 c. par jour, obtiennent aujourd'hui 3 fr.; c'est surtout depuis dix ans que cette augmentation a été considérable.

24. *En a-t-il été de même des salaires des ouvriers et des domestiques autres que les domestiques employés pour la culture ?*

Oui.

25. *Quelles sont les causes de l'augmentation des salaires ?*

Ces causes nombreuses peuvent se résumer en six principales :

1° La trop grande étendue, dans les villes, des secours de bienfaisance, qui y attirent les classes nécessiteuses ;

2° La diminution dans les campagnes du nombre de bras valides ;

3° Les travaux un peu plus considérables dus à l'extension de la culture ;

4° Des besoins nouveaux parmi les gens de la campagne ;

5° L'augmentation de la circulation monétaire ;

6° Le développement de l'industrie, des travaux des villes et de la domesticité urbaine.

26. *Le personnel agricole a-t-il diminué ? — Le nombre des ouvriers ruraux est-il en rapport avec les besoins de la culture ou est-il devenu insuffisant ?*

Le personnel agricole a diminué, et le nombre des ouvriers de la campagne n'est plus en rapport avec les besoins de l'agriculture ; les travaux des champs ont augmenté et le nombre des bras a diminué. Il y a quelque temps encore, on suppléait aux hommes par les femmes ; mais aujourd'hui ces dernières deviennent plus rares que jamais et ne veulent plus travailler dans les fermes ; l'industrie, les travaux d'aiguille, de lingerie, très-développés par le luxe, leur assurent une occupation qui les satisfait mieux.

27. *S'il y a insuffisance d'ouvriers agricoles, quelles en sont les causes ?*

Voir le n° **25**.

28. *Le mouvement d'émigration des populations rurales vers les villes et l'abandon du travail des champs pour le travail industriel se sont-ils produits dans des proportions sensibles ?*

Oui.

29. *En cas d'affirmative, quelle est la proportion, dans ce mouvement d'émigration, entre le nombre des hommes seuls, celui des ménages et celui des femmes ou des filles seules?*

Ce sont principalement les hommes seuls et les filles qui émigrent, et bien rarement les ménages.

30. *Les ouvriers qui émigrent des campagnes vers les villes sont-ils des terrassiers ou des ouvriers agricoles ? — Appartiennent-ils, au contraire, à des corps d'état tels que maçons, charpentiers, etc., ou à la classe des domestiques de maison ?*

Les ouvriers agricoles émigrent principalement; peu d'ouvriers appartenant à des corps d'état quittent la campagne; quant aux filles, elles vont à la ville pour devenir domestiques, ou bien pour se livrer à des travaux d'aiguille, et reviennent très-rarement à la campagne.

31. *Le manque de bras, là où il se fait sentir, provient-il uniquement de la diminution du nombre des ouvriers agricoles ? — Ne résulte-t-il pas, dans une certaine mesure, des progrès de l'agriculture, et, notamment, de l'extension donnée aux cultures industrielles dont les travaux sont plus multipliés et exigeraient, dès lors, un personnel plus considérable pour une même surface cultivée ?*

La rareté des bras provient aussi de l'augmentation des travaux causés par les progrès de l'agriculture;

mais dans l'arrondissement cette influence est peu
sensible.

32. *L'insuffisance des ouvriers agricoles ne provient-elle pas
aussi de ce qu'un certain nombre d'entre eux, devenus propriétaires, travaillent une partie du temps sur leur propriété et
n'offrent plus leurs services ou les offrent moins à ceux qui les
employaient autrefois ?*

Un certain nombre d'ouvriers agricoles, devenus
propriétaires, n'offrent plus leurs services, ou les
offrent moins à ceux qui les employaient autrefois ;
ce fait existe dans l'arrondissement, mais son importance est peu sensible.

33. *L'insuffisance ne peut-elle pas être attribuée en partie
à ce que les familles seraient moins nombreuses aujourd'hui
qu'autrefois ?*

Les familles sont moins nombreuses qu'autrefois,
et cette cause de la rareté des bras est une des plus
importantes.

34. *Quelle a été l'influence exercée sur la diminution du
personnel agricole, sur le taux des salaires et de la main-
d'œuvre par l'emploi des machines dans l'agriculture ? —
L'emploi de ces machines s'est-il déjà étendu dans la contrée
et a-t-il une tendance à se vulgariser de plus en plus ?*

Les machines n'ont pas eu d'influence dans le pays
sur l'augmentation du salaire ; elles ont seulement
suppléé au manque de bras. Au reste, elles sont encore très-peu répandues ; les machines à battre seules
ont pris quelque importance, et leur nombre tend à
s'augmenter. Quant aux moissonneuses, elles n'ont
encore paru qu'à l'état d'essai.

35. *L'usage des machines à battre, particulièrement, n'a-
t-il pas enlevé du travail aux ouvriers agricoles à une certaine*

*époque de l'année, et ces ouvriers n'ont-ils pas dû exiger une
augmentation de salaire pour les autres travaux? — N'y a-t-il
pas là aussi une cause d'émigration?*

Les machines à battre n'ont enlevé aucun travail
aux ouvriers agricoles et n'ont pas été la cause d'émigration.

36. *La manière de moissonner n'a-t-elle pas subi des modifications et n'exige-t-elle pas un personnel moins nombreux
que par le passé?*

Dans l'arrondissement, la moisson se fait partout
au moyen de la faux; il n'y a eu sur ce point aucune
modification depuis trente ans au moins.

37. *La somme de travail obtenue des ouvriers agricoles
est-elle plus ou moins considérable que par le passé?*

Il y a une légère diminution dans la somme de travail obtenue aujourd'hui des ouvriers agricoles; cependant cette diminution est presque inappréciable,
car si l'ouvrier travaille moins longtemps, il travaille
peut-être plus activement, ce qui établit une com-
pensation.

38. *Les conditions d'existence de cette partie de la population se sont-elles améliorées? — S'est-il produit des modifications favorables dans la manière dont elle est nourrie, dont
elle est vêtue et logée? — Son bien-être général s'est-il accru,
et dans quelle mesure?*
*L'instruction primaire est-elle dirigée dans un sens favorable
à l'agriculture, et quelle est son influence sur le choix des
professions?*
*Les sociétés de secours mutuels sont-elles suffisamment répan-
dues dans les campagnes?*
L'assistance publique y est-elle convenablement organisée?

Les conditions d'existence de la population rurale
se sont améliorées; elle est mieux nourrie, mieux

vêtue et mieux logée. Ce bien-être s'est certainement accru dans une proportion considérable.

L'instruction primaire n'est pas suffisamment répandue dans les classes agricoles, et surtout elle n'est peut-être pas assez dirigée dans un sens favorable à l'agriculture. Les succès de l'école primaire détournent souvent les enfants des campagnes des travaux des champs et les attirent vers les villes, où ils espèrent trouver des occupations plus conformes aux goûts qu'une instruction insuffisante a développés chez eux.

Les sociétés de secours mutuels sont rares et pas assez répandues ; quant à l'assistance publique, elle n'est peut-être pas organisée de manière à atteindre son but ; trop répandue dans les villes, où elle attire les populations nécessiteuses, elle est pour ainsi dire inconnue dans les campagnes.

39. S'est-il opéré des changements dans l'état moral des ouvriers de la campagne? — Leurs relations avec ceux qui les emploient sont-elles moins faciles qu'autrefois? — Quels sont les résultats et les causes des changements survenus sous ce rapport ?

L'état moral des ouvriers de la campagne ne s'est pas amélioré. Leurs rapports avec les cultivateurs sont devenus plus difficiles que par le passé, par suite de leur indocilité, causée elle-même par la rareté des bras, et peut-être aussi par la multiplicité des débits d'alcool.

40. Y aurait-il avantage à étendre aux ouvriers agricoles les dispositions de la loi du 22 juin 1854 relative aux livrets ?

Oui.

41. Le nombre des ouvriers nomades qui viennent se mettre à la disposition des cultivateurs pour les grands travaux de la moisson et de la vendange est-il plus ou moins considérable aujourd'hui que par le passé ? — Quelle influence les faits de cette nature exercent-ils sur la condition des ouvriers sédentaires et sur leurs rapports avec ceux qui les emploient ?

Depuis longtemps déjà on emploie dans l'arrondissement, et notamment près d'Évreux, des étrangers (Belges ou Bretons). Le nombre de ces ouvriers nomades augmente même tous les ans, mais sans avoir une influence nuisible sur la condition de ceux du pays.

§ 7. — Engrais. — Amendement des terres

42. *Quels sont les divers engrais ou amendements dont l'agriculture fait usage dans le pays ?*

En général on emploie, dans l'arrondissement, comme engrais, le fumier de ferme, et comme complément de fumier, la poudrette et le guano.

La marne seule sert d'amendement.

43. *La production du fumier est-elle suffisante ? — Y a-t-il besoin d'y suppléer par l'achat d'engrais naturels ou artificiels ?*

La production du fumier n'est pas suffisante; il faut y suppléer par l'achat d'engrais commerciaux, poudrette ou guano. L'emploi des engrais artificiels est une exception.

44. *Pour une étendue donnée de terres, combien a-t-on ordinairement de chevaux, d'animaux de race bovine, ovine, porcine, etc. ? — Ce nombre est-il ce qu'il devrait être eu égard à l'importance de l'exploitation ? — Est-il suffisant pour donner la quantité de fumier nécessaire ? — S'il ne l'est pas, quelles sont les circonstances qui s'opposent à ce qu'il atteigne la proportion voulue ?*

Il y a en moyenne, dans l'arrondissement, une demi-tête de gros bétail par hectare de terre cultivée;

cette proportion est évidemment insuffisante et ne
peut fournir la quantité de fumier nécessaire à une
bonne culture. On pourrait l'augmenter, mais trois
choses s'opposent à ce qu'elle atteigne la proportion
voulue d'une tête par hectare. D'abord le défaut
d'argent, ensuite l'assolement qui ne permet pas une
culture suffisante de plantes fourragères, enfin l'élève
du bétail qui, dans les plaines à céréales de l'arrondissement ne produit pas un bénéfice rémunérateur.

*45. Quels sont les frais que l'agriculture a à supporter
pour l'achat d'engrais naturels ou artificiels? — Trouve-t-elle
à cet égard des facilités et des garanties suffisantes? — Que
pourrait-il être fait pour augmenter ces facilités et ces garanties?*

En moyenne, il faut compter sur 20 à 25 fr. par
hectare pour achat d'engrais commerciaux complé-
mentaires du fumier de ferme, et l'agriculture ne
trouve pas de garanties suffisantes pour l'acquisition
de ces engrais. Trop souvent falsifiés, il serait nécessaire d'établir un système de poinçonnage; il faudrait
également obliger le vendeur à indiquer sur sa fac-
ture le dosage de la matière qu'il vend et qu'il devrait
garantir.

*46. A quelles dépenses l'agriculture de la contrée a-t-elle à
faire face pour le chaulage, le marnage ou autres amendements
des terres, et quelles difficultés peuvent s'opposer à ce qu'on se
procure les matières les plus propres à améliorer la qualité du
sol et à augmenter sa force de production?*

Le marnage se pratique en général une fois dans
un bail, quelque soit sa durée; il revient en moyenne
à 120 fr. par hectare, ce qui, pour un bail moyen de
douze ans, fait une dépense annuelle de 10 fr. par
hectare. Dans l'arrondissement d'Évreux on se procure assez facilement la marne; elle provient des

couches supérieures de l'étage crétacé qui forme la plus grande partie du sol géologique, et se trouve à une profondeur variant de 15 à 30 mètres.

§ 8. — Autres charges de la culture

47. Quels sont les frais accessoires que supporte la culture pour la construction et l'entretien des bâtiments ruraux et leur assurance contre l'incendie? — Comment ces frais se répartissent-ils entre les propriétaires des biens ruraux et ceux qui les exploitent?

La valeur des bâtiments ruraux peut être estimée à 400 fr. par hectare, lorsqu'ils sont en bon état et couverts en tuile ou ardoise ; cette estimation doit être réduite d'un bon tiers si les bâtiments sont vieux et couverts en paille.

On peut estimer l'entretien et l'amortissement du prix de construction de ces mêmes bâtiments à 5 fr. par hectare et par an, en supposant, bien entendu, les bâtiments en bon état et couverts en tuile ou ardoise.

L'assurance contre l'incendie revient à 40 c. par hectare pour les constructions couvertes en chaume, et à 20 c. pour celles couvertes en tuile ou ardoise. — L'entretien est une charge du propriétaire, excepté pour les couvertures en paille qui sont à la charge du fermier.

L'assurance contre l'incendie est en général payée par le propriétaire.

48. Quelles sont les charges qu'imposent aux cultivateurs l'assurance de leurs récoltes contre l'incendie ou la grêle et l'assurance contre la mortalité des bestiaux?

L'assurance des récoltes contre l'incendie varie de 1 fr. à 2 fr. par 1,000 gerbes. Celle contre la grêle de 5 fr. à 12 fr. pour la même quantité.

Il n'y a pas d'assurances dans l'arrondissement contre la mortalité des bestiaux.

49. Quels sont les frais d'achat et d'entretien du matériel agricole ?

On peut estimer en moyenne à 60 fr. par hectare le prix d'achat d'un matériel agricole neuf; l'entretien et le renouvellement de ce matériel est d'environ **20** fr. par hectare et par an.

50. Quelles sont les autres charges qui incombent à l'agriculture ?

Les autres charges qui incombent à l'agriculture sont les prestations qui, quelquefois, montent à une somme assez importante.

II

CONDITIONS SPÉCIALES DE LA PRODUCTION AGRICOLE

—

§ 9. — Procédés de la culture. — Assolements

51. Quels sont, aujourd'hui, pour la grande, la moyenne et la petite culture, les divers modes d'assolement, et particulièrement ceux qui sont le plus fréquemment suivis ?

L'assolement le plus généralement suivi est l'assolement triennal avec jachère couverte et une sole de prairies artificielles (luzerne et sainfoin), en dehors de la rotation.

52. *Quelles modifications ont été apportées, sous ce rapport, à l'ancien état de choses ?*

On fait aujourd'hui un peu plus de plantes fourragères qu'autrefois. La jachère morte disparaît, sauf dans quelques cantons du sud-ouest, pour faire place à la culture des racines, des trèfles, des minettes, etc. — Ce progrès date, dans l'arrondissement, de vingt-cinq ans environ.

53. *Quelle est l'étendue des terres affectées à chaque culture ? — La proportion qui existe entre les différentes cultures est-elle motivée par la nature du sol et par la qualité des terres, ou est-elle déterminée par les facilités qu'offre le placement de certains produits ? — Doit-elle être considérée comme étant la plus profitable au producteur, et si elle n'est pas ce qu'elle devrait être, quelles sont les circonstances qui mettent obstacle à ce qu'elle soit modifiée ?*

En général, la moitié, au minimum, de la surface en labour est réservée à la culture des céréales ; le troisième quart reçoit la luzerne et le sainfoin en dehors de la sole et le dernier quart, qui forme la jachère, se couvre, en partie, de plantes fourragères mangées, le plus souvent, en vert. On a donc ainsi 50 p. 100 de céréales au moins, contre 30 p. 100 environ de plantes fourragères.

Cet assolement, subordonné à la nature de la terre du pays plus particulièrement apte à la culture des céréales, pourrait être cependant modifié ; car si dans la contrée d'Évreux la culture fourragère paraît être arrivée à une certaine somme de développement, ainsi que dans quelques autres cantons voisins, il en est d'autres, au contraire, qui, malgré des obstacles naturels, pourraient peut-être étendre la culture des racines fourragères.

54. *Quels ont été, depuis un certain nombre d'années, en*

*remontant à trente au moins, les progrès accomplis et les amé-
liorations réalisées dans la culture du sol?*

Depuis trente ans, il y a eu par hectare, pour la culture des terres de qualités inférieures, augmentation dans le nombre de têtes de bétail, mais pour la culture des bonnes terres, il y a eu diminution, par suite de l'emploi des engrais commerciaux nécessité par une culture plus intensive. Partout la culture est devenue plus soignée depuis la même époque, le marnage est mieux compris, les labours sont un peu plus profonds et la jachère morte disparaît.

55. *Dans quelle mesure les divers procédés agricoles se sont-
ils perfectionnés?*

Les divers procédés agricoles se sont encore peu perfectionnés. La charrue normande à avant-train est employée telle qu'elle était autrefois; seulement la fonte a remplacé le fer dans la construction de son soc à versoir court; les herses n'ont pas changé, l'emploi de l'extirpateur ou herse bataille semble devenir plus général; la moisson se fait à la faux, la moissonneuse est encore d'une construction trop délicate, et elle ne peut être que d'un emploi très-difficile. La machine à battre soit fixe, soit mobile est devenue d'un usage à peu près général et les coupe-racines existent dans presque toutes les exploitations un peu importantes.

§ 10. — Défrichements

56. *Quelle a été l'importance des travaux de défrichement
opérés dans la contrée, et quel en a été le résultat?*

Les terrains incultes sont l'exception dans l'arrondissement; il s'en trouve cependant sur certains versants dénudés qu'aucune terre végétale ne recouvre;

souvent propriété communale, ils restent ce qu'ils ont toujours été; le reboisement serait le seul moyen d'en tirer parti et arrêterait la dénudation de ces versants. Sur les plateaux on a défriché une certaine quantité de bois, mais ces défrichements récents n'ont pas été, en général, favorables à l'agriculture du pays, où toutes les terres propres à la culture sont depuis longtemps mises en valeur.

57. *Quelle est l'étendue des landes et autres terres incultes?*

Voir le cadastre.

58. *Quelles sont les causes qui se sont opposées, jusqu'à présent, à ce qu'elles aient été mises en valeur?*

· Si quelques parties de terres incultes n'ont pas encore été défrichées, il faut en chercher la cause dans la nature du sol, dans son peu de production, et enfin dans les dépenses de reboisement dont la réussite est souvent incertaine.

§ 11. — Desséchements

59. *Quelle a été l'étendue des desséchements opérés dans la contrée depuis les trente dernières années, et quel en a été le résultat?*

Il n'y a pas à proprement parler de marais dans l'arrondissement. Quelques projets d'assainissement seulement ont été faits sur les communes de Marcilly-sur-Eure et de Pacy.

60. *Quels obstacles la législation pourrait-elle opposer à ce qu'ils prissent plus de développement?*

Voir le numéro précédent.

§ 12. — Drainage

61. Quelle est, dans la contrée, l'étendue des terres auxquelles le drainage pourrait être utilement appliqué ?

Le drainage dans l'arrondissement d'Evreux pourrait s'appliquer très-utilement à la partie sud-ouest, dans les cantons de Breteuil, Verneuil et Rugles; beaucoup de parties aussi dans la plaine située entre l'Eure et la Seine pourraient être drainées, car le sous-sol argileux et compacte ne s'égoutte qu'avec beaucoup de difficulté.

La surface des terres drainées dans l'arrondissement jusqu'en 1866 est de 142 hectares 20 ares.

62. Quel a été, jusqu'à présent, le développement donné à cette pratique agricole ? — Quels en ont été les résultats ?

Les résultats sont en général satisfaisants.

63. Quelles sont les circonstances qui ont pu s'opposer à ce qu'elle prît plus d'extension ?

Les circonstances qui se sont opposées à l'extension du drainage dans l'arrondissement sont : Le manque de capitaux et le peu de confiance dans les résultats, au point de vue technique ou financier.

§ 13. — Irrigations

64. Quel est l'état des irrigations dans la contrée ? — Sont-elles naturelles ou artificielles ?

Le sous-sol étant en général perméable, il n'y a de prairies, dans l'arrondissement, qu'au fond des vallées. La surface de ces prairies peut être estimée à 3,356 hectares, et les deux tiers de cette surface sont assez bien arrosés au moyen d'irrigations artificielles, soit par planches et ados, soit par raze ; le premier système semble cependant devoir s'étendre de plus en plus.

65. *Les irrigations naturelles par débordements ont-elles diminué ou augmenté ?*

Les irrigations naturelles par débordement dans l'arrondissement sont l'exception et ont d'ailleurs diminué.

66. *Quels sont les obstacles qui ont pu s'opposer à l'extension de la pratique des irrigations dans les terres où elle serait utile ?*

Si la pratique des irrigations ne s'est pas plus développée dans le pays il faut en chercher la cause dans le défaut de capital, dans le peu de connaissance d'hydraulique agricole parmi la population, souvent aussi dans la trop petite quantité d'eau roulée par les rivières, principalement pour la partie supérieure des vallées de l'Avre, de l'Iton et de la Risle, et par la multiplicité des usines. La navigabilité de l'Eure et le niveau de ses prairies de beaucoup supérieur à celui de la rivière ont empêché jusqu'ici d'appliquer à cette dernière les bienfaits de l'irrigation.

67. *Quelle influence favorable ou contraire le régime actuel des eaux peut-il exercer sur le progrès des irrigations ?*

Malgré la législation favorable aux irrigations, la puissance industrielle qui prédomine toujours dans l'établissement des règlements locaux porte, jusqu'à un certain point, obstacle à ces irrigations.

§ 14. — Prairies et cultures fourragères

68. *Quelle est, dans la contrée, l'étendue relative des prairies naturelles ?*

Voir le paragraphe 64.

69. Quel est le rendement moyen en fourrages des prairies naturelles ? — Quel est le prix de vente de ces fourrages depuis dix ans ?

Les prairies bien arrosées produisent en moyenne à la première coupe, de 4 à 5,000 kilogrammes par hectare, et à la seconde de 2 à 2,500 kilogrammes. Les prairies non irriguées ont un rendement inférieur de moitié.

Le prix de ces fourrages est en moyenne, depuis dix ans, de 60 fr. les 1,000 kilogrammes.

70. Quelle est l'étendue relative des terres cultivées en prairies artificielles ?

Un quart de l'assolement en prairies artificielles (luzerne ou sainfoin).

71. Quels sont les frais de culture de ces prairies pour une étendue donnée en mesure locale et ramenée à l'hectare ?

FRAIS DE CULTURE D'UN HECTARE DE LUZERNE OU DE SAINFOIN

1° Trois labours (y compris hersage et roulage), à 25 fr. chacun. . . . . **75 fr.**

2° Marnage, en comptant à 120 fr. le prix du marnage par hectare, pour une durée de douze ans, et en supposant que la luzerne durera six ans (intérêts compris). **78**

3° Semence. **40**

4° Semailles **3**

5° Intérêts du capital. **20**

6° Entretien de mobilier. **20**

Ce qui fait par an $\frac{236}{5}$ = 47 fr.   Total. . **236**

FRAIS DE RÉCOLTE D'UNE LUZERNIÈRE

1° Fauchage de 2 coupes.	20 fr.
2° Fanage, bottelage, emmagasinage, 1ʳᵉ coupe.	45
3° — — — 2ᵉ —	22
4° Loyer et impôts.	63
5° Frais de culture par an.	47
TOTAL.	197

FRAIS DE CULTURE D'UN HECTARE DE PRAIRIES

1° Arrosage et curage des fossés et rigoles.	10 fr.
2° Fauchage	25
3° Fanage	75
4° Rentrage	10
5° Emmagasinage.	10
6° Soins pour l'irrigation.	8
7° Frais de syndicat et impôts.	16
8° Location.	200
TOTAL pour un hectare. . . .	354

FRAIS DE CULTURE D'UN HECTARE DE TRÈFLE

1° Semence.	20 fr.
2° Semailles	1
3° Récolte, intérêt, etc., comme pour la luzerne	150
TOTAL par hectare.	171

Nous n'avons pas cru devoir faire entrer dans ces frais de culture le fumier, celui-ci étant un produit de la ferme et consommé par elle ; nous ne comptons pas non plus la paille comme produit, puisque c'est avec elle qu'on fait le fumier. (Cette note s'applique à tous les frais de culture dont nous parlerons plus bas.)

72. *Cultive-t-on dans la contrée d'autres plantes destinées à la nourriture des animaux, telles que choux, betteraves, navets, carottes, etc. ?*

Quelle est l'étendue relative des terres employées à ces cul·tures ? — Quels sont leur rendement moyen et les frais qui leur incombent ?

On cultive aussi dans l'arrondissement des choux, des betteraves, des carottes et des navets, mais c'est principalement la petite culture qui produit les carottes, les choux et les navets.

Sur 100 hectares, on fait en moyenne, dans l'arrondissement, 3 hectares de cette culture.

RENDEMENT MOYEN A L'HECTARE

Betteraves . . . . 30,000 kilog.
     —   fourragères. . . . . . . 35,000 —
Carottes . . . . 30,000 —
Navets. . . . . 10,000 —
Choux. . . . . 20,000 —
Pommes de terre . . . . 15,000 —
On ne fait pas de topinambours dans la contrée.

FRAIS DE CULTURE ET DE RÉCOLTE D'UN HECTARE
DE BETTERAVES FOURRAGÈRES

Quatre labours à 20 fr. . . . . 80 fr.
Semence. 15
Quatre binages et sarclages. 70
Récolte 30
Charroi 30
Engrais supplémentaire à acheter. . . . 30
Intérêts du capital. 20
     —   du mobilier. 20
Transport du fumier. 30
Impôts et loyer. 63

        TOTAL 388

73. *A-t-il été donné depuis un certain nombre d'années un développement sensible aux cultures fourragères, et dans quelle proportion ?*

Depuis un certain nombre d'années on a donné un développement assez considérable aux cultures fourragères.

Voir à ce sujet le paragraphe 53.

74. *Quel est le rendement moyen des terres cultivées en plantes fourragères des diverses espéces, tréfle, luzerne, sainfoin, betteraves, choux, etc., etc.?*

RENDEMENT

Trèfle,   1re coupe, 3,500 kilog.   2e coupe, 1,000 kilog.
Luzerne, 1re   —   3,000 —   2e   —   1,000 —
Sainfoin, 1re   —   3,000 —   2e   —   1,500 —
Le trèfle se vend 50 fr. les 1,000 kilogrammes.

75. *Quel est le prix de vente de ces divers produits?*

La luzerne et le sainfoin se vendent en moyenne 60 fr. les 1,000 kilogrammes.

Les betteraves à sucre, 15 fr.

Les betteraves fourragères, 12 fr.

§ 15. — Animaux

76. *Quels sont, pour les animaux de chaque sorte : chevaux, mulets, ânes, bœufs, vaches, veaux, moutons, porcs, les frais de toute nature que le cultivateur a à supporter pour dépenses d'achat, d'élevage, de nourriture, d'entretien, d'engraissement, etc.? — A quels prix les animaux de chaque espéce lui reviennent-ils, et à quels prix se vendent-ils ?*

Dans l'arrondissement d'Évreux on n'élève pas de chevaux, les cultivateurs les achètent à l'âge de deux ans, époque à laquelle ils commencent à les faire travailler. Leur prix moyen à cet âge est de 500 fr.

Il n'y a pas de mulets dans le pays.

L'âne n'est pas considéré comme animal d'exploitation : il ne sert qu'au service domestique de la ferme, excepté dans les rares contrées où il y a encore de la vigne ; le prix moyen de cet animal, en état de travailler, varie de 80 à 150 fr.

Le nombre des bœufs est trop peu considérable dans l'arrondissement pour en tenir compte.

On achète généralement les vaches à deux ou trois ans ; leur prix moyen est de 300 fr.

Les veaux se vendent communément pour la boucherie à l'âge de deux ou trois mois, au prix de 100 à 120 fr.

On élève beaucoup de moutons ; ils s'achètent à 2 ans et leur prix varie de 25 à 30 fr.

On les vend pour la boucherie à l'âge de quatre ou cinq ans, de 30 à 35 fr. (produits et élèves).

On achète les porcs à l'âge de deux mois, de 20 à 25 fr. (la production en est peu considérable dans l'arrondissement) et on les vend engraissés à l'âge de huit ou dix mois, de 100 à 120 fr.

Il est presque impossible de répondre à la question d'entretien, mais les cultivateurs prétendent généralement que les bêtes de ferme dont on vient de parler ne produisent aucun bénéfice et que c'est seulement en vue de la production du fumier qu'ils les entretiennent.

77. Y a-t-il amélioration dans la quantité et la qualité des animaux ? — Quels changements se sont opérés à cet égard depuis trente ans, soit par le choix des races, soit par leur perfectionnement, soit par de meilleurs procédés d'élevage et d'engraissement ?

Le nombre des bestiaux n'a pas augmenté, mais leur qualité s'est améliorée ; cette amélioration provient d'une meilleure nourriture et de soins plus intelligents.

Les vaches sont en général de race normande pure ;
les moutons sont des métis-mérinos, et l'amélioration
de la race depuis trente ans s'est faite par la sélection
seulement.

78. Quelles facilités nouvelles l'extension des cultures four-
ragères, sur les points où elle a été constatée, a-t-elle procurées
pour l'élevage du bétail et la production des engrais?

Achète-t-on pour les animaux des aliments non fournis par
l'exploitation?

L'extension des cultures fourragères a eu pour
résultat l'amélioration indiquée dans le paragraphe
précédent et l'augmentation de la production du
fumier.

Les seuls suppléments pour leur nourriture que le
cultivateur achète sont le son et le tourteau de
colza.

79. Existe-t-il un écart trop élevé entre le prix du bétail
sur pied et celui de la viande au détail? — A quelles causes
doit-on attribuer cet écart?

Le prix que le boucher retire de la viande a été,
dans ces dernières années, à peu près égal au prix
d'achat et son bénéfice consiste dans ce qu'on appelle
les abats, c'est-à-dire les peaux, le suif, les cornes, la
tête, le foie, les intestins, les pieds, etc. On peut estimer l'écart à 20 p. 100 environ par animal ; cet écart
trop élevé a pour cause l'entente qui existe dans les
centres populeux du pays entre ceux qui font le commerce des viandes et la nécessité d'un intermédiaire
entre le producteur et le consommateur.

BŒUF DE 300 KILOGRAMMES

Cuir, 40 kilogrammes. . . .	32 fr.	
Suif	40	100 fr.
Pieds, tête, cornes, etc. . .	28	

80. Quel parti les cultivateurs tirent-ils des autres produits provenant des animaux de la ferme, tels que les laines, le beurre, le lait, les fromages, etc. ?

La laine se vend à l'industrie, le lait sert à l'engraissement des veaux et dans le voisinage des villes, il se vend aux consommateurs ou aux exportateurs vers Paris ; le beurre se fait seulement pour la consommation de l'exploitation ; quant aux fromages, leur fabrication est sans importance et sert à la consommation de la ferme.

81. Quelles ressources les cultivateurs trouvent-ils dans l'élevage de la volaille ?

L'élève des volailles est une industrie propre à la moyenne et surtout à la petite culture, il s'en fait un grand commerce dans les cantons de Damville, Nonancourt, Saint-André et Pacy ; dans les exploitations de grande culture, le poulailler est surtout une ressource pour l'alimentation de la famille du cultivateur.

§ 16. — Céréales

82. Quelle est, dans la contrée, l'étendue des terres cultivées en céréales des diverses espèces ?

En froment ?
En méteil ?
En seigle ?
En orge ?
En maïs ?
En sarrasin ?
En avoine ?

Question purement statistique. Il y a été répondu autant que possible dans les paragraphes précédents ; le maïs et le sarrasin sont des cultures exceptionnelles dans l'arrondissement.

83. *Quels sont, pour chacune de ces céréales, les frais de culture d'un hectare de terre, ou de la mesure employée dans la localité et dont le rapport avec l'hectare sera indiqué?*

BLÉ

Pour les labours	60 fr.
Pour le hersage.	15
Pour le roulage.	2
Pour le coût des semences.	40
Pour le prix de l'ensemencement. . . .	1
Pour les façons d'entretien.	3
Pour la moisson.	25
Pour la rentrée des grains.	20
Pour le battage, nettoyage, etc.	40
Pour le douzième de la marne.	13
Pour le complément d'engrais en guano.	30
Pour les liens.	5
Pour la mise en moyettes ou en dizains. .	3
Pour la couverture des meules, main-d'œuvre et paille.	3
Pour la rentrée des meules, pour une partie seulement	7
Pour l'intérêt du capital attribué à chaque hectare	20
Pour l'entretien du mobilier.	20
Transport au marché et frais accessoires de vente, etc.	10
Transport du fumier et épandage (deux tiers seulement, l'autre tiers porté au compte de l'avoine)	20
Loyer et impôts.	63
TOTAL.	400

AVOINE

Pour les labours.	20 fr.
Pour le hersage.	10
Pour le roulage et hersage après la levée.	5
Pour la semence et main-d'œuvre.	21
Pour l'entretien.	3
Pour la moisson.	12
Pour les liens.	3
Pour le rentrage	12
Pour le battage.	14
Pour le transport au marché.	10
Pour le douzième de marne	13
Pour l'intérêt du capital.	20
Pour l'intérêt du mobilier	20
Pour le transport du fumier	10
Pour le loyer et impôts	63
TOTAL.	**246**

Les frais de culture d'un hectare de seigle sont les mêmes que pour un hectare de blé.

Les frais de culture d'un hectare d'orge sont les mêmes que pour un hectare d'avoine.

84. Quel est le détail de ces différents frais :
Pour les labours?
Pour le hersage?
Pour le roulage?
Pour le coût des semences ?
Pour le prix de l'ensemencement ?
Pour les façons d'entretien ?
Pour la moisson ?
Pour la rentrée des grains ?
Pour le battage, nettoyage, etc. ?

Voir le numéro précédent.

85. *Quel est le rendement par hectare pour chacune de ces espéces de céréales depuis dix ans ?*

Rendement du blé,	maximum,	28 hectolitres à l'hectare.
— —	minimum,	9	— —
— —	moyenne,	18	— —
Rendement de l'avoine,	maximum,	50	— —
— —	minimum,	12	— —
— —	moyenne,	28	— —
Rendement moyen de l'orge . . .	20	— —
— — du méteil . . .	16	— —
— — du seigle . . .	14	— —

86. *La production des céréales de chaque espéce a-t-elle augmenté dans une proportion sensible depuis trente ans ? — S'il y a eu augmentation, à quelles causes doit-elle être particuliérement attribuée ? — L'importation d'espéces nouvelles de céréales donnant un rendement plus considérable a-t-elle contribué dans une mesure un peu importante aux progrés de la production ?*

Depuis dix ans le rendement moyen du blé n'a pas varié, il y a eu augmentation en paille, mais pas en grain.

Le rendement de l'avoine a augmenté, d'abord parce que cette céréale est mieux cultivée et que la vente en est plus facile par suite de nouveaux débouchés.

On emploie les blés anglais comme blés de semence, dans une proportion notable et en général dans celle qui suit :

2/3 de blé rouge et 1/3 de blé blanc.

87. *Quels ont été les prix de vente des diverses espéces de céréales et les variations que ces prix ont pu subir depuis dix ans ?*

Voir pour cette question les mercuriales, en ayant soin toutefois d'atténuer le prix de ces dernières, qui souvent sont supérieurs au prix réel, par suite de ventes en dehors du marché dans les moments d'abaissement de prix.

On peut donner cependant les prix suivants, comme une moyenne depuis le libre échange.

L'hectolitre de blé. . . . .   16 fr.
    —   de méteil   14
    —   de seigle   10
    —   d'avoine   9
    —   d'orge   12
    —   de colza.   25
Les 1,000 kil. de luzerne, sainfoin.   60
    —   de trèfle.   50
    —   de betteraves fourragères. .   12
    —   de foin   60

88. *L'emploi des épargnes du cultivateur à la formation de petites réserves de grains est-il aussi fréquent que par le passé ?*

Non.

89. *La qualité des différentes sortes de céréales s'est-elle améliorée par suite d'une culture plus soignée ? — Le poids d'une mesure déterminée de grains de chaque espéce s'est-il accru depuis trente ans, et dans quelles proportions ?*

La qualité du blé ne s'est pas améliorée, son poids est moindre et la différence peut atteindre 5 p. 100.

90. *Quel parti les cultivateurs tirent-ils de leurs pailles ? — Quelle est la portion qu'ils utilisent dans leur exploitation et celle qu'ils peuvent livrer à la vente ?*

La paille sert à faire la litière pour les bestiaux ; la grande culture n'en livre pas au commerce ; la petite et la moyenne culture seules en vendent.

§ 17. — Cultures alimentaires autres que les céréales proprement dites

91. *Quelle est, dans la contrée, l'étendue des terres cultivées en plantes alimentaires autres que les céréales proprement dites ?*

En pommes de terre ?
En légumes secs ?
En légumes frais ?

Cette culture est tellement insignifiante qu'il est difficile d'établir une proportion exacte; elle est d'environ un pour cent.

92. *Quels sont, pour chacun de ces produits, les frais de culture d'un hectare ou d'une mesure de terre déterminée et ramenée à l'hectare ?*

Quel est le détail des différents frais pour chaque nature de produits ?

Voir le paragraphe 72.

Il y a égalité entre les frais de culture des pommes de terre et ceux des betteraves; on fait très-peu de légumes secs ou frais dans les fermes du pays.

93. *Quel est le rendement de chaque produit ? — Quelles sont les variations que ce rendement a pu éprouver depuis dix ans ?*

Voir le paragraphe 72.

Le rendement de la pomme de terre a beaucoup diminué depuis la maladie.

94. *Quels sont les prix de vente de chaque produit et les changements que ces prix ont pu subir aussi depuis dix ans ?*

Les pommes de terre se vendent en moyenne de 4 à 5 fr. l'hectolitre.

95. *Leur production a-t-elle varié d'importance, et pour quelles causes ?*

La production de la pomme de terre a diminué d'importance dans la culture des fermes par suite de la maladie ; quant aux légumes secs, haricots, lentilles, pois, on n'en cultive que dans les vallées, et cette production n'a subi aucune modification depuis dix ans.

§ 18. — Cultures industrielles

96. *Quelle est l'étendue des terrains cultivés en plantes industrielles de toute nature ?*

En betteraves ?

En graines oléagineuses, colza, navette, œillette, cameline et autres ?

En plantes textiles, chanvre, lin, etc. ?

En tabac ?

En houblon ?

En plantes tinctoriales, garance, safran, etc. ?

Cette culture, pour ainsi dire nulle dans la partie sud-ouest de l'arrondissement (à peine 1/500 de la surface pour les betteraves), n'a quelque importance que dans la partie est, où la culture de la betterave occupe environ 2 p. 100 de la surface et celle du colza également 2 p. 100.

Les autres productions industrielles sont sans importance.

97. *Quels sont, pour chacun de ces produits, les frais de culture par hectare ou par mesure locale ramenée à l'hectare ?*

Quel est le détail des différents frais pour chaque nature de produits ?

Voir pour les betteraves le numéro **72.**

FRAIS DE CULTURE D'UN HECTARE DE COLZA

Deux labours.	40 fr.
Hersage	5
Valeur du plant.	55
Piquage et arrachage.	30
Binage à la houe à cheval.	15
Engrais supplémentaire	60
Marnage.	13
Récolte	50
Nettoyage, transport à la ferme, au marché	20
Intérêts du capital.	20
Intérêts du mobilier.	20
Loyer et impôts.	63
TOTAL des frais de culture pour un hectare	391

98. *Quel est le rendement de chaque produit et les variations que ce rendement a pu éprouver depuis dix ans?*

Voir le paragraphe 72.

Le colza rend en moyenne seize hectolitres à l'hectare, mais son rendement a été presque nul pendant les trois dernières années par suite de sa destruction par les insectes.

99. *La production de chacune de ces cultures industrielles s'est-elle développée ou s'est-elle amoindrie? — A quelles causes doit-on attribuer l'augmentation ou la diminution?*

La culture de la betterave fourragère a augmenté, mais celle de la betterave destinée à la fabrication des alcools a diminué par suite de la baisse de prix de cette espèce d'alcools.

La destruction des trois dernières récoltes de colza

par le puceron a diminué la culture de cette plante
industrielle.

100. *Quels sont les prix de vente de chaque produit et les
variations que ces prix ont pu subir depuis dix ans?*

Voir le paragraphe 87.

Le prix de vente de la betterave à sucre a diminué
d'un quart depuis quatre ou cinq ans; le prix de
vente du colza n'a pas varié.

§ 19. — Sucres indigènes et alcools

101. *Quelle est l'importance de la fabrication des sucres
indigènes dans la contrée ?*

On ne fabrique pas de sucre dans l'arrondissement.

102. *La production des alcools y joue-t-elle un rôle considérable ?*

Elle est à peu près nulle.

103. *Quels ont été les progrès réalisés dans ces deux indus-
tries?*

Deux fabriques d'alcool ont été établies l'une à la
Madeleine-Évreux, l'autre à Bacquepuis, la première
ne fait que des flegmes, et la seconde distillait et rec-
tifiait, mais elle ne fonctionne pas pour le moment.

§ 20. — Vignes

104. *Quelle est, dans la contrée, l'étendue des terres cultivées en vignes?*

*La culture de la vigne y a-t-elle reçu de l'extension depuis
dix ans?*

Voir la statistique.

La culture de la vigne a diminué notablement depuis dix ans dans certaines contrées par suite de la concurrence des vins du Centre et du Midi, de la facilité des transports et de la fréquence des gelées.

105. Quelles sont les modifications qui ont pu être apportées depuis trente ans à cette culture ?

Quelles sont les causes de ces modifications ?

Il n'y a pas eu de modifications.

106. Quelles sont les principales espèces cultivées, et quelle est la nature et la qualité des vins récoltés ?

On ne cultive que le cépage rouge, et la qualité du vin est en général médiocre.

107. Des progrès ont-ils été réalisés, soit par un meilleur choix des cépages, soit par des améliorations introduites dans les procédés de culture ?

Ils ne se sont pas améliorés.

108. Les procédés de fabrication des vins se sont-ils améliorés ?

Il n'y a pas eu d'amélioration.

109. Quels sont les frais de culture des terres plantées en vignes, soit par hectare, soit par mesure locale dont le rapport avec l'hectare serait indiqué ?

Quel est le détail des divers travaux que nécessite la culture de la vigne, et des frais auxquels donne lieu chacun de ces travaux ?

Cette nature de propriété étant très-divisée, nous prendrons la mesure du pays, c'est-à-dire l'arpent qui vaut 50 ares.

FRAIS DE CULTURE DE 50 ARES DE VIGNE

Pour tirer les échalas.	6 fr.
Bêchage.	20
Taille.	15
Binage.	20
Attache	25
Paille pour attache	6
Dernier binage.	20
Vendange	50
Fumier	40
Frais divers	5
TOTAL des frais pour 50 ares. . .	207

110. Quel est le rendement par hectare ou par mesure locale des terres plantées en vignes, et quelles sont les variations que ce rendement a éprouvées depuis dix ans ?

Le rendement moyen par arpent de 50 ares est de 15 hectolitres ; ce rendement moyen est sujet à beaucoup de variations.

111. Quels sont les prix de vente des vins, et quels changements ont-ils subis depuis dix ans ?

Le placement des vins des diverses qualités est-il plus ou moins facile que par le passé ?

Le vin se vend en moyenne 20 fr. l'hectolitre et ce prix n'a pas subi beaucoup de variations depuis dix ans.

Les débouchés plus faciles en ont augmenté l'exportation.

§ 21. — Culture des arbres à fruits

112. Quelle est l'importance de la culture des pommiers et des poiriers à cidre ?

Malgré l'importance des plantations dans l'arrondissement en poiriers et pommiers, on peut dire que depuis dix ans la récolte est à peine suffisante pour fournir à la consommation locale et que l'exportation des pommes et des poires est presque nulle dans le pays.

113. *A quels frais donne lieu cette culture dans une exploitation d'une étendue déterminée, et quels profits en tire le cultivateur ?*

Les poiriers et pommiers se plantent en général, dans les terres de médiocre qualité ; les frais de plantation, en tenant compte du creusement des trous, de l'achat des arbres et de la perte à subir sur la quantité, peuvent s'évaluer à 6 ou 7 fr. environ par arbre ; cette plantation est considérée comme donnant une amélioration en capital et en produit aux terres sur lesquelles on la fait.

Les plants bien soignés demandent deux binages par an à raison de 5 c. par binage et par arbre ; les arbres se trouvent fumés en même temps que la terre. Les cultivateurs considèrent comme nul le profit qu'ils tirent de ces arbres.

114. *Quelle est l'importance des plantations d'oliviers, de noyers, d'amandiers, etc.*

Les plantations d'amandiers, d'oliviers sont nulles ; il existe seulement au bas et sur les versants des côtes de la vallée d'Eure quelques noyers dont les produits servent à l'alimentation du pays, mais aucunement à l'industrie.

115. *Quels sont les frais, quel est le rendement de ces cultures dans une exploitation d'une étendue déterminée ?*
Quels sont les prix de vente des produits ?

Il n'y a pas de réponse à faire à cette question, la culture de ces arbres étant trop peu répandue.

*116. Quelle est l'importance de la culture des fruits desti-
nés à l'alimentation et qui sont consommés frais ou conservés?*

Cette culture ne se fait généralement pas en grand
dans nos campagnes, mais il n'est pas de ferme ou de
petite exploitation qui n'ait un enclos planté d'arbres
fruitiers et ses murs garnis d'espaliers. — La culture
des cerisiers, pruniers et pommiers en plein vent
occupe dans l'arrondissement une étendue d'environ
280 à 300 hectares.

*117. Quels sont les frais de culture et le rendement, pour
une exploitation d'une étendue donnée, des pruniers, abricotiers, pêchers, cerisiers, poiriers, pommiers, etc.?*

Frais de culture et rendement, par hectare, des
cerisiers, pruniers, pommiers et poiriers en plein
vent.

FRAIS DE CULTURE		RENDEMENT
Cerisiers. . . .	30 fr. . . .	900 à 1,000 fr.
Pruniers. . . .	25 . . .	700 à 800
Pommiers . . .	25 . . .	700 à 800
Poiriers	25 . . .	900 à 1,000

Les abricotiers, pêchers et poiriers se cultivent
généralement en espalier et sont en très-grand
nombre.

(Il est bien entendu que ces rendements sont pris
sur des moyennes dans les années où la récolte n'a
pas manqué.)

*118. Quels sont les prix de vente des produits qui en pro-
viennent, et quelles modifications favorables à l'agriculture ont
eu lieu depuis un certain nombre d'années dans la manière de
tirer parti de ces divers produits?*

Les prix de vente de ces produits sont en général
assez élevés. Voici le prix de vente moyen :

Abricots, de 4 à 7 fr. le cent.

Pêches,   de 4 à 15   —

Poires,   de 4 à 30   —

Presque tous ces fruits sont vendus aux acheteurs de Paris qui, depuis quatorze ou quinze ans, parcourent les marchés du département.

Il se vend en moyenne, dans l'arrondissement d'Évreux, pour 55 ou 60,000 fr. par an de fruits récoltés sur les arbres en espalier, et les nouveaux débouchés créés depuis une vingtaine d'années ont considérablement facilité la vente de ces produits.

§ 22. — Sériciculture

119. Dans les pays adonnés à la sériciculture, quelles sont actuellement les conditions de la culture des mûriers et de l'éducation des vers à soie ?

120. Quelles différences existent, à cet égard, entre l'ancien état de choses et la situation actuelle ?

121. Quelle est la diminution de revenu causée dans la contrée par la maladie des vers à soie ?

122. Quelles réductions ont eu lieu, pour cette cause, dans le nombre et dans l'importance des établissements spécialement affectés à l'éducation des vers à soie ou annexés aux exploitations rurales ?

Pas de sériciculture dans l'arrondissement d'Évreux.

§ 23. — Proportion des cultures et des produits cultivés

123. Quelle est, dans la contrée, la proportion des recettes brutes en argent que donne chacun des produits ci-dessus énumérés ?

Voici les recettes brutes par hectare, pour les différents produits du pays. Il est bien entendu que ces

résultats sont des moyennes s'appliquant à tout l'arrondissement.

NATURE DES PRODUITS.	FRAIS DE CULTURE.	RENDEMENT.	PRODUIT.	PERTE.	BÉNÉFICE.
Blé.	400 f.	18 hectol. à	16 f.— 288 f.	112 f.	..
Méteil.	400	16 — à	14 — 224	176	..
Seigle.	400	14 — à	10 — 140	260	..
Avoine.	236	28 — à	9 — 252	...	16 f.
Orge.	236	20 — à	12 — 240	...	4
Luzerne et sainfoin.	197	4 tonnes à	60 — 240	...	43
Trèfle.	171	4,5 — à	50 — 225	...	54
Betterave fourragère.	388	35 — à	12 — 420	...	32
Colza (1).	391	16 hectol. à	25 — 400	...	9
Foin.	354	7 tonnes à	60 — 420	...	66

NOTA. — On doit répéter ici l'observation que les
frais de culture n'ont pu être calculés pour arriver à
un chiffre, que comme s'ils étaient faits en dehors du
personnel de la ferme, et à façon.

*124. Quelle est cette proportion pour une exploitation prise
comme type ordinaire du pays ?*

Voir le paragraphe précédent.

Dans les calculs précédents, le prix de vente est
basé sur l'état actuel des choses, et les frais de culture ont été régulièrement établis, mais ces données
sont susceptibles d'une atténuation résultant de l'in-
telligence, de la bonne direction et du travail personnel du chef de l'exploitation.

Cette atténuation se trouve encore augmentée par
les petits produits de la ferme dus à l'économie et au
travail de la ménagère.

(1) On n'a pas tenu compte des trois dernières années.

Quoiqu'il soit difficile de donner un chiffre indi-
quant la valeur exacte de cette atténuation, on peut
dire, cependant, qu'elle va jusqu'à **10 p. 100.**

III

CIRCULATION ET PLACEMENT DES PRODUITS AGRICOLES. DÉBOUCHÉS

---

125. *Quelles facilités et quels obstacles rencontrent l'écou-
lement et le placement des produits agricoles de la contrée,
leur circulation et leur transport ?*

Dans l'arrondissement d'Évreux, la circulation et
le transport des produits agricoles se trouvent facilités, d'une manière notable, par le développement
considérable des routes et chemins vicinaux.

126. *Quels sont les débouchés qui leur sont déjà ouverts et
ceux qu'il serait possible de leur ouvrir encore ?*

Il serait à désirer, pour faciliter les débouchés de
certains produits agricoles, qu'il s'établisse dans le
pays un nombre plus considérable d'usines agricoles,
telles que distilleries et sucreries ; il en existe déjà
deux ; mais les droits dont sont frappés les produits
de ces usines, et leur bas prix, résultat de la nouvelle législation douanière, s'opposent à leur développement.

127. *Quels progrès la viabilité y a-t-elle faits depuis un
certain nombre d'années, en remontant à trente ans au moins ?*

Depuis trente ans la viabilité a fait beaucoup de

progrès; les chemins vicinaux ont pris un grand développement, mais les chemins ruraux laissent encore trop à désirer.

128. *Quelle a été l'étendue des voies de communication nouvellement créées et l'importance des améliorations apportées à celles qui existaient ?*

Voir les statistiques.

129. *Quelles ont été les lignes de chemins de fer construites et mises en exploitation ?*

Voir les statistiques.

130. *Quels travaux, pour la création de voies nouvelles ou l'amélioration des voies existantes, ont été faits en ce qui concerne les routes impériales ?*

Voir les statistiques.

131. *Mêmes questions pour les routes impériales.*

Voir les statistiques.

132. *Mêmes questions pour les chemins de grande communication.*

Voir les statistiques.

133. *Mêmes questions pour les chemins vicinaux.*

Voir les statistiques.

134. *Mêmes questions pour les chemins ruraux et d'exploitation.*

Les chemins ruraux laissent encore beaucoup trop à désirer et ne répondent pas aux besoins de l'agriculture; on pourrait remédier à cet état en reportant sur les chemins ruraux une partie des prestations qui servent à l'entretien des chemins de grande communication.

135. *Mêmes questions pour les fleuves, rivières et canaux.*

Il n'y a ni canaux, ni rivières navigables dans l'arrondissement, sauf l'Eure, dont la navigabilité est abandonnée depuis longtemps déjà.

136. *Quelle est la direction donnée aux divers produits agricoles de la contrée, et quelles variations cette direction a-t-elle éprouvées depuis trente ans ?*

Les produits agricoles du pays sont apportés au marché, puis expédiés, soit en nature, soit en farine, vers Paris, Rouen ou Caen.

137. *La facilité et la rapidité plus grandes des communications ont-elles, depuis un certain nombre d'années, donné de l'extension aux expéditions des produits agricoles à des distances éloignées ?*

Oui.

138. *Quels sont ceux de ces produits qui ont plus particulièrement pris part à ce mouvement ?*

Les avoines, le produit des vaches et des volailles, les fruits, ont principalement pris part à ce mouvement.

139. *Quels progrès serait-il possible de réaliser encore à cet égard ?*

Le chemin de fer d'Orléans à Rouen, réclamé par tout le monde, et l'abaissement du tarif des chemins de fer pour le transport des produits agricoles et des engrais commerciaux, faciliteraient beaucoup les débouchés.

140. Quelle influence le perfectionnement des voies de communication a-t-il exercée sur le prix de revient des produits agricoles ?

Les voies de communication ont eu une influence très-avantageuse sur le prix de revient des produits agricoles.

141. La facilité des communications a-t-elle eu pour effet de niveler les prix et de faire disparaitre les inégalités souvent considérables qui existaient à cet égard d'une contrée à une autre ? — Ne serait-ce pas par ce motif que l'on peut expliquer que, dans certaines contrées où les récoltes ont mal réussi, les prix restent à un taux peu élevé, tandis qu'ils se maintiennent à un chiffre rémunérateur dans des pays où les récoltes ont été surabondantes ?

Oui.

142. Quelle comparaison peut-on établir sous ce rapport entre l'ancien état de choses et la situation actuelle ?

Tout en reconnaissant le bon effet produit par les facilités des communications, il est bien difficile de donner un chiffre permettant une comparaison entre l'ancien état de choses et la situation actuelle.

143. Quels sont les frais de transport que les produits agricoles ont à supporter pour être dirigés des lieux de production sur les lieux de consommation ?

Les produits de la culture sont, en général, portés au marché le plus voisin, où ils sont vendus à des spéculateurs ; le cultivateur ne les porte jamais lui-même jusque sur les lieux de consommation ; nous n'avons donc pas à nous étendre sur cette question.

144. A combien s'élèvent ces frais sur les chemins de fer ? — Quels sont les prix des tarifs et les autres dépenses accessoires ?

Voir les tarifs.

145. *Quelles sont les dépenses des transports par les routes de terre ?*

Dans le cas où les cultivateurs feraient transporter par route de terre, on peut évaluer les prix de transport de 40 à 50 c. par tonne et par kilomètre.

146. *Quels sont les frais de transport par les voies navigables ? — Quelle peut être particulièrement l'influence exercée sur les débouchés par les droits de navigation intérieure perçus sur les fleuves, rivières, et sur les canaux appartenant à l'État ou exploités par voie de concession ?*

Il n'y a pas de voies navigables employées dans l'arrondissement.

* * *

IV

LÉGISLATION. — RÈGLEMENTS. — TRAITÉS DE COMMERCE

—

147. *Les grains importés de l'étranger sont-ils venus depuis quelques années faire concurrence aux grains indigènes sur les marchés de la contrée ? — Dans quelle mesure ? — Quels ont été les effets de cette concurrence ?*

Les grains importés de l'étranger sont venus faire concurrence aux blés indigènes, principalement pendant les années 1861 et 1862. Les importations par la voie du Havre ont été considérables et ont fermé les débouchés dont notre arrondissement, pays d'exportation, était habitué à profiter ; ces blés n'ont pas été directement apportés sur les marchés du pays, mais ont été vendus sous forme d'échantillon, et ont servi à l'alimentation de la meunerie.

En **1861** et **1862**, ces importations ont fait baisser subitement le prix de l'hectolitre de blé de 5 à **6 fr.** sur les prix acquis.

148. Quelle part la contrée a-t-elle prise au mouvement d'exportation des céréales françaises à destination de l'étranger ? — Si des expéditions de ce genre ont eu lieu, quel en a été l'effet ?

Les exportations des blés de l'arrondissement, principalement sous forme de farine, ont repris cours seulement depuis deux ans; elles ont porté également sur les seigles en nature. Les farines ont été dirigées vers l'Angleterre, et les seigles vers la Hollande et le nord de l'Allemagne.

L'effet de ces exportations a été d'atténuer la baisse sur les marchés et d'épuiser les réserves.

149. Quels ont été les effets produits par la suppression de l'échelle mobile, et quelle est l'influence de la législation qui régit aujourd'hui notre commerce d'importation et d'exportation des grains avec l'étranger depuis la loi du 15 juin 1861 ?

La nouvelle législation douanière a eu pour résultat immédiat d'arrêter toute espèce de spéculation locale de la part des cultivateurs; craignant que la concurrence étrangère ne vînt produire une baisse graduelle et considérable sur le prix de vente des blés, ceux-ci, cédant à des craintes peut-être exagérées, ont préféré vendre précipitamment le produit de leur récolte, même à un prix notablement inférieur au prix de revient. La suppression de l'échelle mobile a produit, surtout en **1863** et **1864** (deux années abondantes), un si grand écart sur les prix de vente du blé (il s'en est vendu jusqu'à **10 fr.** l'hectolitre), que quelques cultivateurs ont trouvé plus avantageux d'employer les qualités inférieures à la nourriture des bestiaux, plutôt que d'attendre un prix rémunérateur, connaissant les bas prix auxquels pouvaient livrer les importateurs de Marseille et de Bordeaux.

150. Quelle influence attribue-t-on aux opérations d'importation temporaire des blés étrangers pour la mouture et de réexportation de farines, et à l'application des réglements spéciaux relatifs à ces opérations, notamment en ce qui concerne les acquits-à-caution?

Le régime des acquits-à-caution a été plus favorable que désavantageux à l'agriculture de notre arrondissement; mais si on examine cette question à un point de vue plus général, il est certain que les acquits-à-caution, avec permission de sortie par des ports éloignés du port d'entrée, peuvent causer un préjudice à l'agriculture de certains départements.

151. Quelle a été, dans la contrée, l'importance des quantités de blé étranger introduites pour la mouture? — Quelles ont été les quantités de farines exportées en représentation des blés étrangers admis pour la mouture? — Quel effet ces opérations ont-elles pu avoir sur le cours des grains?

Il est impossible d'indiquer les quantités de blés étrangers qui ont été introduites dans la contrée pour la mouture. Dans tous les cas, ces quantités sont peu appréciables.

Quant aux quantités de farines exportées en représentation des blés étrangers admis pour la mouture, sans pouvoir les fixer par un chiffre, on peut dire qu'elles ont eu une certaine importance, et que, à raison de la situation du pays, elles n'ont pu qu'être avantageuses pour l'agriculture de l'arrondissement.

152. Quelle action ont pu exercer les traités de commerce conclus avec diverses puissances étrangères au point de vue du placement, des prix de vente et des débouchés extérieurs des divers produits agricoles, savoir :

Les céréales ?

Les vins et spiritueux ?

Les sucres indigènes ?

Le bétail ?

Les laines ?

Les beurres et fromages ?

Les volailles et les œufs ?

Les légumes et les fruits frais ?

Les graines oléagineuses ?

Les plantes textiles ?

Les plantes tinctoriales, etc., etc. ?

L'action a été défavorable pour les céréales par suite de la concurrence des blés étrangers.

L'effet avantageux que la nouvelle législation aurait pu produire sur le prix de vente du bétail a été plus que contre-balancée par la concurrence faite par les bestiaux étrangers, de Hongrie surtout, sur les principaux marchés du pays, tels que Poissy et Sceaux.

L'influence du traité de commerce a été désastreuse pour les laines; on peut évaluer à 20 p. 100 la baisse graduelle produite dans ces dernières années, par suite de l'introduction en franchise des laines étrangères qui, au Havre, le port le plus important de nos contrées, sont en stock considérables.

La nouvelle législation, favorable à la vente des fruits, beurre, fromages, légumes, volailles et œufs, a été avantageuse pour ceux des agriculteurs de la contrée qui peuvent en produire en quantité suffisante pour permettre l'exportation (petite et moyenne culture).

Le nouveau traité de commerce a nui à la vente des plantes oléagineuses cultivées dans le pays, par suite de l'introduction du colza des Indes.

153. Quelle influence ces mêmes traités ont-ils pu avoir sur les prix de vente et de location des terres qui sont à portée de profiter des nouveaux débouchés extérieurs qu'ils ont créés ?

Les traités de commerce, en rendant plus difficile la position de l'agriculture, et surtout en inspirant des craintes pour l'avenir, ont nécessairement réagi sur la valeur des terres, soit en capital, soit en valeur locative ; mais une large part dans cette diminution doit également être attribuée à la multiplicité des valeurs de bourse, qui éloignent l'argent des campagnes.

154. Quel a été l'effet de ces traités sur l'importation étrangère, et, par suite, sur le prix de revient des matières premières servant à l'agriculture, notamment :

Les fers, et, par suite, les machines agricoles et les instruments aratoires ?

Les engrais ou autres substances servant à l'amendement des terres ?

Les étoffes et les vêtements, etc., etc. ?

Les traités de commerce ont pu être une cause de diminution dans le prix des fers ; mais, par suite de l'élévation des salaires, et peut-être aussi à cause des profits trop considérables réalisés par l'industrie, les machines agricoles et les fers ouvrés employés par l'agriculture n'ont pas baissé de prix ; on peut citer comme exemple les fers à cheval, dépense importante dans une exploitation, qui depuis quelques années ont augmenté de prix de 1/6.

Les substances servant à l'amendement des terres, les engrais, le guano, notamment, l'engrais commercial le plus important de nos contrées, ont subi une diminution ; mais celle-ci n'est appréciable qu'autant que le cultivateur agit sur de grandes quantités, ce qui lui permet alors d'éviter les intermédiaires, mais il faut dire que ce cas est rare dans nos contrées.

Les prix des étoffes et des vêtements ont également subi une diminution, si le cultivateur fait travailler les tailleurs de son village et ne s'adresse point à ceux des villes ; il est cependant bon d'ajouter que cette diminution est bien compensée par la qualité inférieure des étoffes.

V

QUESTIONS GÉNÉRALES

155. *Quels sont, dans la législation civile et générale, les points auxquels il paraîtrait y avoir lieu d'apporter des modifications que l'on considérerait comme utiles à l'agriculture ?*

1° Application spéciale d'une partie notable des prestations et des centimes additionnels à l'établissement et à l'entretien des chemins ruraux ;

2° Répartition plus équitable de l'impôt des prestations et des centimes additionnels en ce qui concerne la vicinalité, et exécution sévère des prescriptions légales sur les subventions que les grands établissements industriels doivent fournir à l'entretien des chemins ruraux ;

3° Simplification des formalités relatives aux obligations hypothécaires ;

4° Modification, dans un sens restrictif, des droits d'enregistrement, de transmission et de mutation ;

5° Abolition des droits sur les échanges de parcelles ;

6° Suppression du glanage, ou au moins n'en laisser profiter que les vieillards et les infirmes, et pour le blé seulement;

7° Établissements de bureaux de bienfaisance dans les campagnes, et restriction des conditions d'admissibilité de ces mêmes établissements dans les villes ;

8° Interdiction du vagabondage des familles errantes, colporteurs, etc., qui, parcourant les campagnes avec chevaux et voitures, vivent aux dépens de l'agriculture, pour laquelle ils sont un fléau;

9° Application du livret aux ouvriers agricoles ;

10° Établissement d'un code rural et augmentation des pénalités relatives aux contraventions rurales;

11° Établissement d'un crédit agricole pouvant permettre des prêts à long terme et à des conditions modérées ;

12° Surveillances et pénalités sévères pour la fabrication des engrais commerciaux;

13° Uniformité dans la vente de tous les produits agricoles, soit à un poids, soit à une mesure unique pour tout l'empire français;

14° Suppression, quant à ce qui concerne l'arrondissement d'Évreux, du régime de navigabilité de la rivière d'Eure;

15° Extension des attributions des chambres consultatives d'agriculture;

16° Création d'un ministère spécial d'agriculture ;

17° Multiplication dans l'armée des congés temporaires pendant le temps de la moisson, et facilités plus grandes pour obtenir ces congés et en profiter;

18° Établissement de fermes-écoles dans le département.

156. Quels sont, dans la législation fiscale, les points auxquels il paraîtrait y avoir lieu d'apporter des modifications que l'on considérerait comme utiles à l'agriculture ?

1° Établissement d'un droit fixe de 2 fr. 50 c. par

hectolitre de blé, et de **10** p. **100**, *ad valorem,* pour tous les autres produits agricoles importés, comme représentation des charges nationales que les produits similaires étrangers doivent, de toute justice, supporter en entrant sur le territoire français. Ce point est tout spécialement recommandé à l'attention du Gouvernement;

2° Suppression de *tout* droit d'importation sur les engrais commerciaux, notamment sur le guano, **et** surveillance plus grande pour mettre le cultivateur complétement à l'abri des falsifications trop nombreuses de celte matière importante;

3° Suppression, ou au moins diminution, pour tous les produits agricoles, des taxes d'octroi des villes.

157. Quelles sont les autres causes générales qui ont pu influer dans un sens favorable ou nuisible sur la prospérité agricole ?

L'extension trop considérable des travaux des villes.

La multiplication des cafés, cause permanente de démoralisation et de désordres dans les campagnes.

158. Quelles sont les causes secondaires qui pourraient créer des obstacles plus ou moins sérieux au libre développement de cette prospérité?

Outre les causes énumérées dans les paragraphes précédents comme nuisibles au développement de la prospérité agricole, on peut ajouter comme cause secondaire, et cependant très-importante, l'enseignement qui, dans les campagnes, n'est pas suffisamment dirigé vers un but agricole.

159. Les réunions commerciales, telles que les foires et marchés, destinées à la vente des produits agricoles, sont-elles

en nombre insuffisant, ou sont-elles, au contraire, trop multi-
pliées?

Elles sont trop multipliées, sont souvent la cause
de perte de temps et favorisent les habitudes de
débauche; on peut les classer comme causes secondaires nuisibles au développement de la prospérité
agricole.

160. *Existe-t-il des mesures réglementaires émanant des*
autorités locales et qui seraient de nature à entraver les
transactions?

Il serait utile de réviser, dans un sens plus libéral
pour l'agriculture, les tarifs qui régissent les marchés
du pays et imposent aux cultivateurs des charges
trop considérables.

Une surveillance plus sévère pour empêcher que
l'application des tarifs réduits dont nous venons de
parler, ne dégénère jamais en exactions de la part
des concessionnaires des taxes, serait également
nécessaire.

161. *Quels seraient enfin les moyens les plus propres à*
améliorer la condition de l'agriculture, et quelles mesures
croirait-on devoir proposer dans ce but?

Voir les paragraphes précédents.

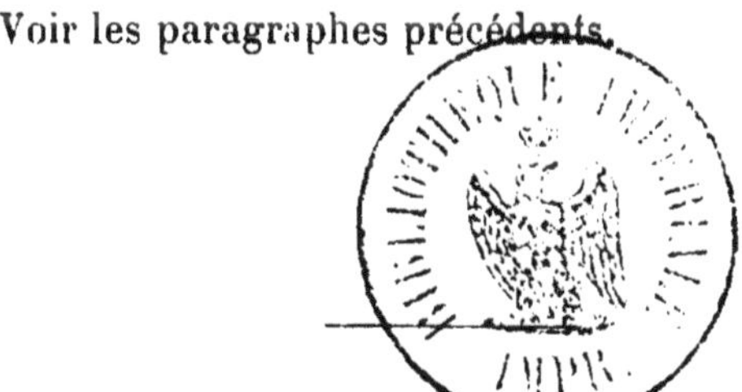

TABLE

Evreux, A. Hérissey, imp — 469.

www.ingramcontent.com/pod-product-compliance
Ingram Content Group UK Ltd.
Pitfield, Milton Keynes, MK11 3LW, UK
UKHW031806170726
13836UKWH00003B/1227